BEI GRIN MACHT SICH IHR WISSEN BEZAHLT

- Wir veröffentlichen Ihre Hausarbeit,
  Bachelor- und Masterarbeit

- Ihr eigenes eBook und Buch -
  weltweit in allen wichtigen Shops

- Verdienen Sie an jedem Verkauf

Jetzt bei www.GRIN.com hochladen
und kostenlos publizieren

Tina Geitz

Kulturelle Konstruktion von Naturrisiken

GRIN Verlag

Impressum:

Copyright © 2012 GRIN Verlag GmbH
Druck und Bindung: Books on Demand GmbH, Norderstedt Germany
ISBN: 978-3-656-51388-9

Friedrich-Schiller-Universität Jena

Chemisch-Geowissenschaftliche Fakultät

Institut für Geographie

„GEO 442 – Geo- und Humanökologie"

Kulturelle Konstruktion von Naturrisiken

Hausarbeit

vorgelegt von:

Tina Geitz

Abgabedatum: 15.02.2012

Inhalt

Abbildungen

Tabellen

1 Einleitung

Jeder Mensch trifft in seinem täglichen Leben auf die verschiedensten Arten von Risiken. Sowohl bei dem Einsteigen in ein Auto als auch bei der Einnahme von Medikamenten geht der Mensch ein gewisses Risiko ein. In der heutigen Zeit hat vor allem die Bedrohung durch Naturrisiken einen enormen Bedeutungszuwachs erhalten, denn diese werden zunehmend zum Gegenstand von Berichterstattungen in den Medien. Doch nicht jeder Mensch nimmt ein und dasselbe Risiko mit gleicher Intensität wahr. Daher stellen sich zahlreiche Fragen, wie beispielsweise, warum verschiedene Gesellschaftsgruppen Risiken und die daraus resultierenden Bedrohungen unterschiedlich wahrnehmen? Warum erscheint ein Risiko für eine Gruppe von Individuen bedrohlich und für eine andere nicht? Warum beurteilen manche Menschen neue Technologien als fortschrittlich, notwendig und sicher während andere eine Gefährdung durch diese fürchten?

Das Ziel der vorliegenden Arbeit ist es somit, auf diese zahlreichen Fragestellungen eine Antwort zu finden. Bevor die Cultural Theory of Risk, eine der ersten und einflussreichsten Studien zur Risikowahrnehmung, im vierten Kapitel behandelt wird, sollen durch die Klärung der Begrifflichkeit Naturrisiko und die Darstellung der sozialkonstruktivistischen Perspektive zunächst Grundlagen für diesen Denkansatz gelegt werden. Anschließend erfolgt eine intensive Auseinandersetzung mit der Cultural Theory of Risk von Mary Douglas und Aaron Wildavsky, indem zunächst der Entstehungshintergrund sowie die Kernaussagen und das Ziel der Theorie vorgestellt werden. Das darauffolgende Grid-Group-Modell stellt eine Einteilung der Gesellschaft in 4 verschiedene Weltansichten dar, die Naturrisiken jeweils aus einer anderen Perspektive wahrnehmen und dementsprechend auch differenziert bewerten. Abschließend erfolgen eine Diskussion der Theorie sowie ein Ausblick auf den Beitrag, den die Cultural Theory of Risk für humanökologische Fragestellungen leisten kann.

2 Was sind Naturrisiken?

Die Begriffe Risiko und Gefahr werden im täglichen Leben häufig synonym verwendet. Auch wenn es schwierig ist eine eindeutige Trennlinie zwischen beiden zu ziehen, ist es jedoch notwendig zwischen ihnen zu differenzieren, insbesondere bei der Frage nach der Bedeutung des Begriffs Naturrisiko. Im Falle einer Gefahr werden mögliche Schäden auf Ursachen außerhalb der eigenen Kontrolle zurückgeführt. Bei einem Risiko hingegen werden diese Schäden dem eigenen Handeln oder gegebenenfalls dem Unterlassen von Handlungen zugerechnet. Somit unterscheiden sich diese beiden Begrifflichkeiten hinsichtlich der Zurechnung von Schäden, bei der Gefahr erfolgt eine Fremdzuschreibung, während bei einem Risiko die Selbstzuschreibung im Vordergrund steht (LIPPUNER 2009/10: 35). KAPLAN & GARRICK (1993: 93) verdeutlichen diese Begriffsunterscheidung durch folgendes Beispiel: „Das Meer stellt eine Gefahr dar. Versuchen wir es mit einem Ruderboot zu überqueren, so gehen wir ein großes Risiko ein. Benutzen wir jedoch die Queen Elisabeth, so ist das Risiko gering."

Bezogen auf das Naturrisiko bedeutet dies, „Von Naturrisiken spricht man, wenn natürlich verursachte Ereignisse (z.B. Rutschungen, Erdbeben, Lawinen) eine Gefahr für Mensch und Umwelt beinhaltet." (MATTNER 2006: 2). Das bedeutet, es handelt sich um ein aus der Natur hereinbrechendes Ereignis, das erst durch den verursachten Schaden für die Gesellschaft Relevanz erlangt (MÜLLER-MAHN 2007: 2). Vor einem Naturrisiko kann sich der Mensch im Grunde genommen schützen, indem er die entsprechenden Maßnahmen ergreift, er ist in der Lage den Prozess abzuschwächen bzw. umzulenken (FELGENTREFF & GLADE 2008: 4ff.). Das bedeutet, im Gegensatz zur Naturgefahr, ist das Naturrisiko menschlich gemacht. Das Gefahrenpotenzial ist stets vorhanden, doch erst der Mensch produziert durch sein Verhalten das Risiko (POHL & GEIPEL 2002: 4ff.). Es gibt somit ein Verhältnis zwischen bestimmten Handlungen und den damit einhergehenden ungewollten Folgen. Diese kann der Mensch verhindern oder zumindest abschwächen, indem er die Kausalfolgen auf bestimmte Handlungsvorgänge zurückführt und diese dann in Zukunft überarbeitet und in modifizierter Weise ausführt (WEICHSELGARTNER 2002: 22f.).

Bei der Definition des Begriffs Naturrisiko muss jedoch auch die Perspektive berücksichtigt werden, unter der dieser betrachtet wird. Das Naturrisiko aus der naturwissenschaftlichen Sichtweise wird anders dargelegt, als aus einer humangeographischen bzw. konstruktivistischen Perspektive. Um Letztere soll es im folgenden Kapitel gehen.

3 Das Risiko aus sozialkonstruktivistischer Perspektive

Der Sozialkonstruktivismus wird verkürzt auch häufig nur als Konstruktivismus bezeichnet. Aus dieser Perspektive heraus wird untersucht, wie die soziale Wirklichkeit und die einzelnen sozialen Phänomene konstruiert sind. Bezüglich des Begriffs Risiko bedeutet etwas riskieren aus sozialkonstruktivistischer Perspektive, das bewusste Aussetzen einer Gefahr, um bestimmte Ziele erreichen zu können. Aus diesem Grund sind vor allem die Akteure und die jeweiligen Situationen, in denen bestimmte Entscheidungen getroffen werden, von Interesse (MÜLLER-MAHN 2007: 2). Mit diesen Aspekten beschäftigt sich das Grid-Group-Modell der Cultural Theory of Risk, die im Kapitel 4.3 dargestellt wird.

Somit lässt sich der Sozialkonstruktivismus von der objektivistischen Perspektive des Risikos abgrenzen, in denen der Mensch als eine Art „blackbox" betrachtet wird. Der objektivistische Ansatz kann den Naturwissenschaften zugeschrieben werden und konzentriert sich vor allem auf Wirkungszusammenhänge innerhalb eines Ökosystems. Der gesellschaftliche Einfluss auf Veränderungen in der Natur wird weitestgehend ausgeblendet. Naturrisiken stellen aus dieser Perspektive einen Teil der Realität dar, sie sind berechenbar und technisch kontrollierbar, indem nach der Berechnung der Eintrittswahrscheinlichkeit und der Einschätzung des Schadensausmaßes geeignete Vorsorgemaßnahmen getroffen werden und gegebenenfalls Frühwarnsysteme eingerichtet werden. Objektivistisch-naturwissenschaftliche Ansätze sind der Auffassung, dass Naturrisiken so beherrschbar sind (ebd., 2f.).

Dem gegenüber steht die konstruktivistisch-sozialwissenschaftliche Perspektive, in der der Mensch in das Zentrum der Betrachtung rückt. Das Interesse richtet sich hierbei, wie bereits erwähnt, auf die jeweiligen Akteure und ihre konkreten Handlungen. Naturrisiken werden dieser Auffassung nach durch Wahrnehmungs-, Bewertungs- und Handlungsprozesse vom Menschen selbst geschaffen. MÜLLER-MAHN (2007: 6) schreibt: „Aus konstruktivistischer Perspektive hingegen manifestieren sich Risiken erst durch gesellschaftliches Handeln.". Risiko wird in diesem Zusammenhang mit einem Wagnis gleichgesetzt und ist damit nicht so negativ konnotiert, wie in den objektivistischen Ansätzen. Der Mensch lässt sich bewusst auf die Naturgefahr ein, um einen bestimmten Zweck zu verfolgen, daher existiert das Sprichwort: „Wer nicht wagt, der nicht gewinnt." (MÜLLER-MAHN 2007: 6). Zusammengefasst lässt sich festhalten, das Risiken aus der sozialkonstruktivistischen Perspektive nicht objektiv, sondern stets kulturabhängig sind (ebd. 2ff.).

4 Cultural Theory of Risk

Nachdem der Begriff des Risikos, insbesondere des Naturrisikos, erläutert wurde soll im Folgenden die Cultural Theory of Risk, in seltenen Fällen auch als Kulturtheorie der Risikowahrnehmung bezeichnet, vorgestellt werden. Diese grundlegende soziologische Theorie verknüpft die Konzepte des Risikos und der Kultur theoretisch miteinander. Die Begründer dieser Theorie, sind Mary Douglas und Aaron Wildavsky (SCHUH 2005: 73).

Aaron Wildavsky (1930-1993) (Abb. 1) war ein amerikanischer Politikwissenschaftler, der seinen Doktortitel im Jahr 1958 an einer der renommiertesten Universitäten der Welt machte, der Yale University im amerikanischen Connecticut. Im Anschluss war er an der University of California Berkeley tätig (GETCITED 2006: o.S.).

Mary Douglas (Abb. 2) lebte von 1921 bis 2007 und war eine bedeutende britische Sozialanthropologin. In ihrem Hauptwerk „Purity and Danger – An Analysis of the Concepts of Pollution and Taboo" aus dem Jahr 1966, untersuchte Douglas das Verhältnis zwischen Schmutz, Glauben, Verunreinigung und Hygiene. Anregung für dieses Werk fand Douglas bei ihrer Arbeit mit dem afrikanischen Lele-Volk. Dieses Buch erlangte auch außerhalb der Anthropologie einen weitreichenden Einfluss und wurde in fünfzehn Sprachen übersetzt. Zudem galt Douglas´ Interesse auch der westlichen Gesellschaft, indem sie die Risikowahrnehmung dieser und den Umweltschutz untersuchte. In diesem Zusammenhang entstand auch das gemeinsame Werk mit Aaron Wildavsky „Risk and Culture", in dem es um die Cultural Theory of Risk geht, die in den folgenden Unterkapiteln näher erläutert werden soll (THE TIMES 2007: o.S.).

Abb. 1: Aaron Wildavsky (1930-1993)
(aus: QUOTATIONSSOURCE 2010: o.S.)

Abb. 2: Mary Douglas (1921-2007)
(aus: SEMIOTICON 2005: o.S.)

4.1 Entstehungshintergründe der Theorie

Das Themenfeld des Risikos und insbesondere der Risikowahrnehmung beschäftigte die Wissenschaftler und die Politik bereits seit den 1970er Jahren. Die frühen Studien über die Risikowahrnehmung waren vor allem durch die analytische Trennung zwischen dem „objektiven Risiko" und dem „wahrgenommenen Risiko" geprägt. Die Sozialwissenschaftler stellten wenig später heraus, dass die Wahrnehmung von Risiko durch ein Individuum, nicht isoliert von der sozialen Welt betrachtet werden kann, sondern stets in diese integriert ist. In diesem Zusammenhang war die Arbeit der Sozialanthropologin Mary Douglas von großer Bedeutung. Douglas beschäftigte sich zuvor über einen Zeitraum von 15 Jahren mit dem Zusammenhang zwischen dem Risiko und der Kultur und wich somit vom technisch-objektivistischen Verständnis der Risikoproblematik ab (BOHOLM 1996: 64f.).

Die Grundlage für die Cultural Theory of Risk bildeten Douglas´ Beobachtungen zur Risikowahrnehmung in afrikanischen Kulturen, insbesondere die des Lele-Volkes in der heutigen Demokratischen Republik Kongo (dem damaligen belgischen Kongo). Die Studien auf dem afrikanischen Kontinent und die Beobachtung der Philosophie und der Einrichtungen dieses Volkes beeinflussten ihre gesamten späteren Arbeiten. Unter diesem Einfluss wandte Mary Douglas sich zunächst dem Verhältnis zwischen Glauben und sozialer Organisation zu und verfasste 1966 ihr erstes Werk zu dieser Problematik, das bereits angesprochene „Purity and Danger – An Analysis of Concepts of Pollution and Taboo". Vier Jahre später folgte eine Veröffentlichung mit dem Titel „Natural Symbols". Zusammen mit Aaron Wildavsky entstand schließlich im Jahr 1982 das Werk „Risk and Culture", das sich direkt aus „Purity and Danger" ableitete. Hierbei wurde eine Theorie der Risikowahrnehmung entwickelt, die sogenannte Cultural Theory of Risk. Dies war ein Versuch, einen Beitrag zu der damalig aktuellen Debatte um die Wahrnehmung von Risiken zu leisten (SEMIOTICON 2005: o.S.).

Aus ihrer Zeit bei dem afrikanischen Lele-Volk hat Douglas gelernt, dass sich diese Menschen vor der Hexerei ihrer Nachbarn sowie vor dem Blitzeinschlag fürchten, ein sehr seltenes Vorkommnis. Demgegenüber nahmen sie andere Gefahren eher gelassen hin. Vereinfacht gesagt stellte Douglas fest, dass dieses Volk, genauso wie auch andere Menschen, die größte Aufmerksamkeit auf die Gefahren richtet, für die eine andere Person verantwortlich gemacht werden kann, das heißt, die sich dem eigenen Handeln entziehen (ebd.). Daraus wurde geschlussfolgert, dass die Risikowahrnehmung ein sozialer Konstruktionsprozess ist. Douglas und Wildavsky verfolgten letztendlich das Ziel, das Material aus den ethnologischen Studien in Afrika zu systematisieren und daraus schließlich Stereotypen abzuleiten, die Risiko unterschiedlich wahrnehmen (ZWICK & RENN 2008: 86). Das Ergebnis dieser Arbeit stellt das Grid-Group-Modell dar, in dem vier verschiedene Typen benannt werden, die einen jeweils unterschiedlichen Lebensstil verkörpern und aus diesem Grund Risiko differenziert wahrnehmen und auch unterschiedlich bewerten. Dieses ist Gegenstand des Kapitel 4.3.

4.2 Kernaussagen und Ziel der Theorie

Die Grundannahme der Cultural Theory of Risk besagt, dass Konflikte um Risiken nicht in erster Linie vom Wissen über „objektive" Gefahren oder vom technischen Wissen über Risikoquellen abhängen, sondern sie sind auf soziokulturell geprägte Deutungsmuster zurückzuführen. Durch die kulturelle Prägung fürchten sich Individuen vor allem vor den Dingen, die die Aufrechterhaltung des eigenen Lebensstils bzw. der eigenen Kultur gefährden könnten (ZWICK & RENN 2008: 86). DOUGLAS & WILDAVSKY (1993: 120f.) beschreiben die forschungsleitende Prämisse der Cultural Theory of Risk wie folgt: „dass jede Gesellschaftsform ihre eigene Sichtweise der natürlichen Umwelt hervorbringt, … die ihre Auswahl aufmerksamkeitsrelevanter Gefahren beeinflusst … jede Form des sozialen Lebens hat ihre eigene typische Risikostruktur. Gemeinsame Werte führen zu gemeinsamen Ängsten … Diese kulturelle Voreingenommenheit ist ein integraler Bestandteil jeder sozialen Organisation.". Somit durchläuft die Risikowahrnehmung stets einen sozialen Filterungs-prozess und ist in die unterschiedlichen kulturellen Prägungen eingebettet, aus denen die Gesellschaft besteht. Aus diesem Grund muss das Risiko immer in das Verhältnis zum sozialen Kontext der Person gesetzt werden, die dieses wahrnimmt (WEICHSELGARTNER 2002: 44ff.).

Die Cultural Theory of Risk besagt weiterhin, dass eine Gesellschaft stets auf dem Zusammenspiel von Selbstbewusstsein und Angst basiert. Die Angst der Menschen vor Risiken und auch das Selbstbewusstsein diesen trotzdem zu begegnen, wird durch das verfügbare Wissen sowie den Charakter des Einzelnen geprägt. Dementsprechend steuern die sozialen, handlungsbestimmenden Prinzipien die Einschätzung von Risiken. Es wird eine Differenzierung vorgenommen zwischen Gefahren, die am stärksten gefürchtet werden sollten, Risiken, die ein Mensch nicht eingehen sollte und denen, die beruhigt in Kauf genommen werden können. Aus diesen Aussagen lässt sich eine weitere zentrale Annahme der Cultural Theory of Risk ableiten. Diese geht davon aus, dass jede Gesellschaftsform ihren eigenen selektierten Blick auf die natürliche Umwelt herstellt. Diese Perspektive beeinflusst letztendlich die Wahrnehmung von Gefahren. Somit legt jede Kultur für sich selbst fest, was sie als normal oder natürlich definiert. Wie bereits in der forschungsleitenden Prämisse deutlich wurde, führen gemeinsame Werte dementsprechend zu gemeinsamen Ängsten. So kann in einer Gesellschaft ein Risiko aufgrund von Unsicherheit gemieden werden, während diese Unsicherheit in einem anderen kulturellen Kontext der Grund dafür sein kann, dasselbe Risiko einzugehen (DOUGLAS & WILDAVSKY 1983: 6ff.).

Nach WILDAVSKY & DAKE (1990: 167) ist die ausgewählte Beachtung von Risiken und die „Vorliebe" bestimmte Risiken einzugehen bzw. zu vermeiden von der kulturellen Neigung eines Individuums abhängig. Diese kulturelle Neigung bzw. Einstellung eines Menschen wird in der Literatur als cultural bias bezeichnet (ebd.). Es lässt sich festhalten, dass die Risikowahrnehmung eine selektive Beachtung einiger Gefahren und die Ignoranz anderer ist.

Die Cultural Theory of Risk hat sich die Frage „Who fears what and why?" (SCHUH 2005: 74) zum zentralen Forschungsschwerpunkt ihrer Arbeit gemacht. Die Theorie verfolgt somit das Ziel, die Wahrnehmung der Welt durch den Menschen sowie das Handeln in ihr zu erklären. Es wird die Behauptung aufgestellt, dass das Wahrnehmen und Handeln in erster Linie durch soziale Aspekte und die Zugehörigkeit zu kulturellen Gruppen bestimmt wird. Die Grundlage der Cultural Theory of Risk bildet das Grid-Group-Modell, das nun im folgenden Kapitel näher beleuchtet werden soll (OLTEDAL et al. 2004: 17).

4.3 Das Grid-Group-Modell

Im Grid-Group-Modell werden vier verschiedene Lebensstile bzw. Lebensarten dargestellt. Jeder dieser einzelnen Lebensstile kann mit einer spezifischen Sozialstruktur und einer bestimmten Sichtweise von Risiko in Verbindung gebracht werden. Wie die Abbildung drei verdeutlicht, besteht dieses Modell von Mary Douglas und Aaron Wildavsky aus einer Vierfeldertafel, die von den beiden Dimensionen Grid und Group aufgepannt wird (ZWICK & RENN 2008: 86).

Die Grid-Achse verkörpert die Strenge der sozialen Ordnung und die damit einhergehende Beschränkung der Handlungsfreiheit. Ein hoher Grid-Wert bedeutet demzufolge, dass ein Individuum in seinen Handlungen stark eingeschränkt ist. Der Ausdruck Group steht für das Maß der Sozialintegration, das heißt der Group-Wert beschreibt, wie stark ein Individuum in die zusammenhängenden sozialen Einheiten eingebunden ist und inwiefern es sich mit diesen identifizieren kann. Eine starke Gruppeneinbindung ist bei einem hohen Group-Wert gegeben.

Die Einordnung eines Menschen in eine der vier Dimensionen des Grid-Group-Modells bestimmt, wie dieser mit der Umwelt umgeht und in ihr handelt. Jede der vier Gruppen versteht Risiko anders und nimmt es differenziert wahr (OLTEDAL et al. 2004: 17f. ; ZWICK & RENN 2008: 86). Aus diesem Grund werden nun die vier unterschiedlichen Gruppen des Grid-Group-Modells beleuchtet.

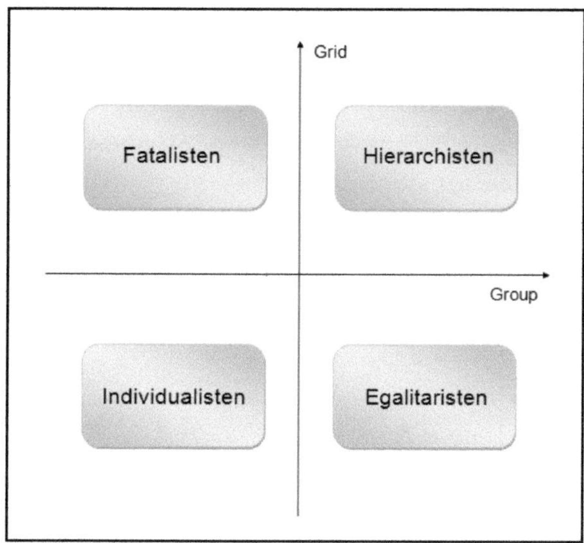

Abb. 3: Das Grid-Group-Modell (Datenquelle: OLTEDAL et al. 2004: 19)

1) Die Individualisten

Die obige Abbildung zeigt, dass die Gruppe der Individualisten durch geringe Einschränkungen der Handlungsfreiheit und eine geringe Sozialintegration gekennzeichnet ist. Dieser Lebensstil ist prägend für die modernen, westlichen Gesellschaften (ZWICK & RENN 2008: 86). Individualisten fürchten sich vor Dingen, die ihre persönliche Freiheit einschränken könnten. Aus diesem Grund wäre der Kriegsfall für sie das schlimmste Szenario, da Menschen hierbei stark durch andere kontrolliert werden und kaum noch Handlungsfreiheit besitzen.

Bezüglich der Natur, erfassen die Individualisten diese als sich selbst erhaltend. Sie vertreten die Auffassung, dass die Natur die Fähigkeit besitzt, ihren derzeitigen Status immer wieder herzustellen, sie sei in der Lage sich selbst zu regenerieren. Daher muss der Mensch aus ihrer Sichtweise nicht darauf Acht geben, besonders sorgsam im Umgang mit der Natur zu sein. Zusammenfassend lässt sich festhalten, der Individualist sieht das Risiko als eine Chance an, jedoch nur so lange dadurch nicht seine persönliche Freiheit eingeschränkt wird (OLTEDAL et al. 2004: 19f.).

Zusätzlich zum Grid-Group-Modell hat Mary Douglas ein sogenanntes Kugelmodell der vier Lebensstiltypen aufgestellt. Durch dieses soll noch einmal die Betrachtung der Natur aus der Sichtweise der jeweiligen Gruppen verdeutlicht werden. Die Abbildung 4 veranschaulicht die Natur aus der Perspektive der Individualisten. In ihren Augen gilt die Natur als robust, daher ist es unbedeutend in welche Richtung die Kugel aus der Mitte heraus bewegt wird, sie kehrt immer wieder in den Ausgangszustand zurück (DOUGLAS 1989: 91f.). Dies ist ein Sinnbild für die Unveränderlichkeit der Natur und ihre Fähigkeit ihren aktuellen Status quo immer wieder herzustellen.

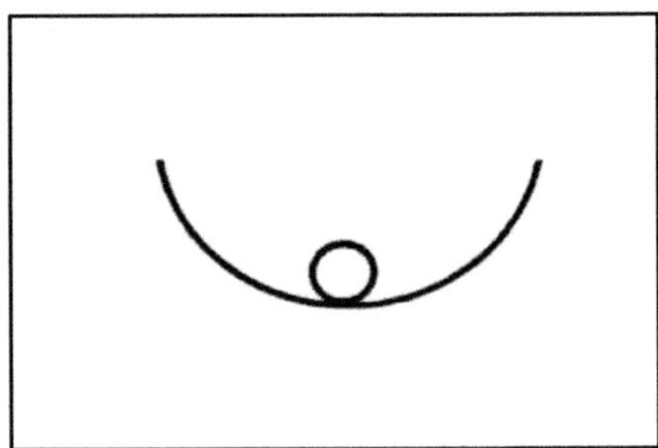

Abb. 4: Die Natur aus Sicht der Individualisten (aus: DOUGLAS 1989: 91)

2) Die Egalitaristen

Die Egalitaristen zeichnen sich durch niedrige Grid- und hohe Group-Werte aus und lassen sich daher im unteren rechten Bereich des Modells verorten (Abb. 3). In den gegenwärtigen Industriegesellschaften ist die Gruppe nahezu unbedeutend. Beispiele für Egalitaristen stellen Umweltgruppen, grüne Parteien oder Anti-Kernkraft-Aktivisten dar (ZWICK & RENN 2008: 86f.). Individuen dieser Lebensstilgruppe fürchten sich vor allem vor Entwicklungen, die die Ungleichheit der Menschen verstärken könnten, aus diesem Grund setzen sie sich stets für eine soziale Gleichheit ein. Die Egalitaristen stehen dem Wissen von Experten sehr skeptisch gegenüber, da sie befürchten diese könnten ihr Wissensmonopol zum Nachteil anderer ausnutzen (OLTEDAL et al. 2004: 20).

Im Gegensatz zu den Individualisten, sehen die Egalitaristen die Natur als etwas Zerbrechliches an, das durch menschliche Eingriffe durchaus verletzlich ist. Sie warnen daher vor neuen Technologien und Innovationen, die den derzeitigen Zustand der Natur gefährden oder verändern könnten. Generell besteht die Neigung dazu, Risiken zu dramatisieren und Angst zu kommunizieren. Zusammengefasst bedeutet dies, Egalitaristen lehnen Risiken ab, die einer großen Menschenmenge oder zukünftigen Generationen irreversible Schäden zufügen könnten (ebd.).

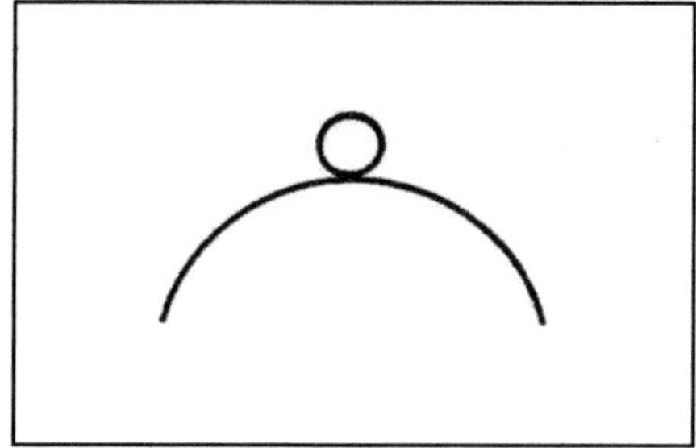

Abb. 5: Die Natur aus Sicht der Egalitaristen (aus: DOUGLAS 1989: 91)

Bezogen auf Douglas´ Kugelmodell drückt sich die Zerbrechlichkeit der Natur durch die Position der Kugel auf der Spitze eines Berges aus (Abb. 5). Nur in dieser einen Position befindet sich die Kugel in absoluter Balance, die kleinste Veränderung führt dazu, dass die Kugel aus dem Bild heraus rollt (DOUGLAS 1989: 91f.). Bezogen auf die Natur, ist diese in Folge dessen nicht mehr in der Lage sich selbst zu regenerieren.

3) Die Hierarchisten

Wie die Abbildung 3 auf Seite 8 verdeutlicht, ist die Gruppe der Hierarchisten sowohl durch hohe Grid- als auch durch hohe Group-Werte gekennzeichnet. Die gegenwärtigen westlichen Gesellschaften verkörpern diesen Lebensstil in hohem Maße (ZWICK & RENN 2008: 86). Menschen, die den Hierarchisten angehören, betonen stets die natürliche Ordnung der

Gesellschaft, aus diesem Grund fürchten sie sich vor Dingen, die diese gefährden könnten, wie beispielsweise soziale Aufstände, Demonstrationen oder Gewalt (OLTEDAL et al. 2004: 20). Im Unterschied zu den Egalitaristen haben die Hierarchisten ein großes Vertrauen in das Wissen von Experten, in ihren Augen ist deren Autorität unangefochten. Zusätzlich vertreten sie die Auffassung, dass die Verantwortung für Risiken eine administrative Aufgabe ist, daher geben sie das Management von Risiken an die Experten ab (ZWICK & RENN 2008: 86).

Die Natur besitzt aus Sicht der Hierarchisten die Fähigkeit, sich weitestgehend selbst zu erhalten, jedoch nur innerhalb von bestimmten Grenzen. Werden diese Grenzen überschritten, ist die Natur nicht mehr in der Lage sich selbst zu regenerieren. Somit lässt sich festhalten, dass Hierarchisten Risiken akzeptieren, solange die Entscheidungen über diese ausschließlich von Experten gefällt werden (OLTEDAL et al. 2004: 20). Wird diese Ansicht von Natur nun in das Kugelmodell von Douglas übertragen, ergibt sich die folgende Abbildung.

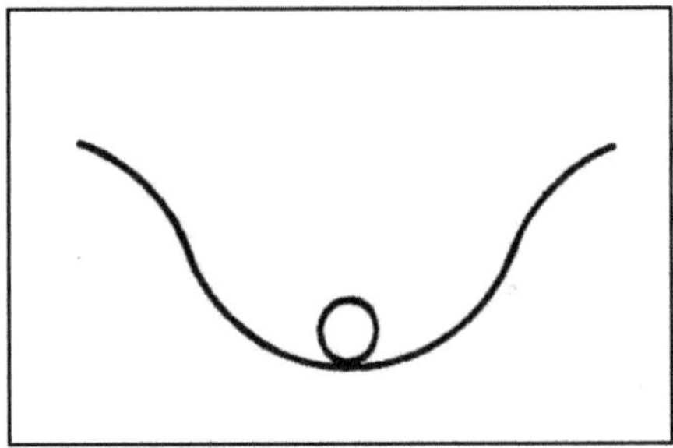

Abb. 6: Die Natur aus Sicht der Hierarchisten (aus: DOUGLAS 1989: 91)

Diese Abbildung verdeutlicht die Ansicht, dass die Natur nur innerhalb von festgelegten Grenzen robust ist. Die Kugel befindet sich in einer Senke zwischen zwei Erhöhungen. Innerhalb dieser Grenzen kann die Kugel in eine beliebige Richtung bewegt werden und kehrt immer wieder in die Ausgangsposition zurück. Eine zu große Veränderung bewirkt jedoch, dass sich die Kugel aus dem Rahmen hinaus bewegt (DOUGLAS 1989: 91f.).

Die Fatalisten sind Menschen, deren persönliche Handlungsfreiheit stark eingeschränkt ist und die nur geringfügig in die soziale Gesellschaft integriert sind (Abb. 3). Für die westlichen Gesellschaften besitzt dieser Lebensstil lediglich eine randständige Bedeutung (ZWICK & RENN 2008: 87). Durch die geringe Teilnahme am sozialen Leben, fühlen sich die Fatalisten durch die verschiedenen sozialen Gruppen eingeschränkt, zu denen sie aufgrund ihrer Isolation nicht dazu gehören. Wovor sie sich fürchten und wovor nicht, wird daher größtenteils durch andere Menschen bestimmt (OLTEDAL et al. 2004: 20).

Aus Sicht der Fatalisten gibt die Natur keine zuverlässige Rückmeldung darüber, ob Menschen bestimmte Dinge richtig oder falsch machen bzw. ob sie in der Natur richtig oder falsch handeln. Die Natur wird vielmehr als eine Art Lotterie betrachtet, bei dem der Mensch die Dinge so hinnehmen muss, wie sie kommen (ebd.). Die Fatalisten sehen sich den Risiken gegenüber weitestgehend hilflos ausgeliefert. „Schadensereignisse werden dementsprechend als weder vorhersehbare noch vermeidbare Schicksalsschläge erlebt." (ZWICK & RENN 2008: 87). Somit lässt sich festhalten, dass die Gruppe der Fatalisten erst gar nicht versucht, Wissen über bestimmte Dinge in Erfahrung zu bringen oder sich über diese Sorgen zu machen, weil sie ihrer Auffassung nach so oder so nichts daran ändern können.

Das Kugelmodell von Mary Douglas veranschaulicht die Natur aus Sicht der Fatalisten daher durch eine Kugel auf einer flachen Ebene (Abb. 7). Diese soll die Sichtweise der wechselhaften Natur darstellen. Wenn die Kugel bewegt wird, rollt sie an irgendeine, unbestimmbare Stelle auf dieser Ebene. Es kann nicht vorher gesagt werden, was als nächstes passiert und aus diesem Grund ist es auch nicht lohnenswert, darüber Theorien aufzustellen (DOUGLAS 1989: 91f.).

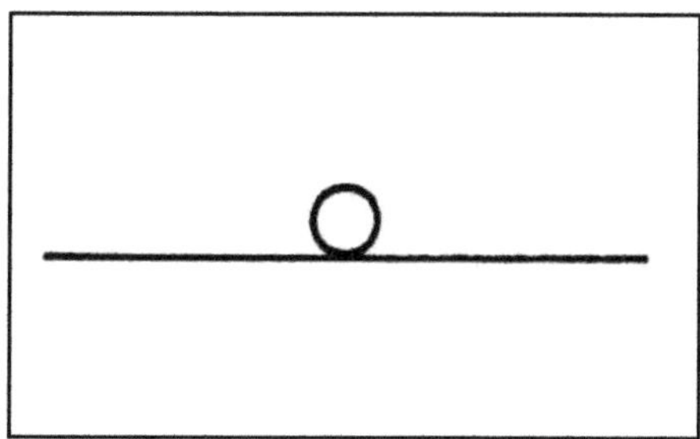

Abb. 7: Die Natur aus Sicht der Fatalisten (aus: DOUGLAS 1989: 91)

Die folgende Tabelle fasst die Eigenschaften der vier vorgestellten Gruppen des Grid-Group-Modells zusammen. Dadurch sollen vor allem noch einmal die Sichtweise der Natur sowie der Umgang der verschiedenen Lebensstilgruppen mit dem Risiko verdeutlicht werden.

Tab. 1: Übersicht über die vier Gruppen des Grid-Group-Modells
(Datenquelle: WEICHSELGARTNER 2002: 54)

	Individualistisch	**Egalitär**	**Hierarchisch**	**Fatalistisch**
Bevorzugte Organisationsart	Ich-orientiertes Netz	egalitär organisierte Gruppe	an Niederlassungen gebundene Gruppe	Randgruppe
Gewissheit (Naturmythos)	Natur ist gütig	Natur ist vergänglich	Natur ist launisch/ nachsichtig	Natur ist unberechenbar
Rationalität	unabhängig	kritisch	verfahrens-technisch	fatalistisch
Stil beim Umgang mit Risiken	Annahme und Ablenkung	Ablehnung und Ablenkung	Ablehnung und Aufnahme	Annahme und Aufnahme

4.4 Diskussion der Theorie

Auch wenn die Cultural Theory of Risk einen großen Einfluss im Bereich der Sozialanthropologie erzielte, so ist sie gleichermaßen auch Gegenstand zahlreicher Diskussionen in der Literatur. Aus diesem Grund soll die Theorie nun in diesem Kapitel anhand von positiven und negativen Gesichtspunkten diskutiert werden.

Beginnend bei den positiven Aspekten lässt sich sagen, dass der Ansatz der Cultural Theory of Risk Prognosen für die Risikowahrnehmung und die Vorliebe bestimmte Risiken einzugehen bzw. zu meiden gibt, die aussagekräftiger sind als beispielsweise die der knowledge- oder der personality-theory. Die knowledge-theory geht davon aus, dass Dinge, die als gefährlich bekannt sind, bewusst gemieden werden. Das bedeutet, das Wissen über eventuelle Gefahren bestimmt das Handeln. Im Sinne der personality-theory bestimmt der Charakter einer Person die Einstellung gegenüber dem Risiko (WILDAVSKY & DAKE 1990: 171f.).

Weiterhin wird in der Literatur positiv angemerkt, dass die Cultural Theory of Risk im Gegensatz zu anderen Erklärungsansätzen, genauere Aussagen darüber gibt, wer genau sich vor bestimmten Gefahren fürchtet, wer nicht oder wer weniger als andere. Das heißt es wird ein Vergleich zwischen verschiedenen Individuen angestellt (WILDAVSKY & DAKE 1990: 173).

Auf Seiten der kritischen Anmerkungen zu dieser Theorie lassen sich jedoch deutlich mehr Aspekte zusammentragen. So wird beispielsweise in der Literatur immer wieder die fehlende Beweislage kritisiert. Es wird bemängelt, dass die Forscher bisher nur wenige überzeugende Belege für die Annahmen der Cultural Theory of Risk liefern konnten. In diesem Zusammenhang lautet ein weiterer Kritikpunkt, dass „die Theorie bis Anfang der 90-er keiner systematisch empirischen Testung unterzogen [wurde]“ (SCHUH 2005: 75). Es existieren nur sehr eingeschränkt praktische Anwendungen der Theorie. Sie beschränkt sich, wie andere Studien, auf vergangene Debatten und nicht auf die Lösung aktueller Probleme. Diesbezüglich hinterfragt BOHOLM (1996: 72), so wie auch zahlreiche andere Kritiker der Theorie, die Aussagekraft der Ergebnisse. Die Cultural Theory of Risk gibt als Ziel vor, zu erklären, warum Menschen das wollen, was sie wollen. Die Erklärung dafür, dass Menschen nach dem Streben, was sie wollen, erscheint in diesem Zusammenhang sehr vage und etwas dürftig.

Verschiedene Soziologen bemängeln zudem die zu geringe Anzahl der untersuchten und widergegebenen Varianzen. Ihren Aussagen zufolge, schildert die Cultural Theory of Risk nur einen geringen Teil der Unterschiede, die es bei der Wahrnehmung von Risiken gibt (OLTEDAL 2004: 25). Dies betreffend stellt sich die Frage, warum ausgerechnet vier verschiedene Lebensstiltypen unterschieden werden (SCHUH 2005: 75). Die Gründe dafür werden nicht ausreichend fundiert dargelegt. Warum kann es nicht auch sechs oder zehn verschiedene Typen geben, die Risiken unterschiedlich wahrnehmen und diese dementsprechend auch differenziert beurteilen? Die begrenzte Anzahl der Stereotypen führt zu Schwierigkeiten bei der Anwendung des Modells auf die komplexe soziale Realität (BOHOLM 1996: 73).

Schließlich wird die schematische Einordnung der unterschiedlichen Typen in das Grid-Group-Modell kritisiert, denn ein Individuum oder eine soziale Gruppe können durchaus mehr als nur einen Kulturbias haben. Dieser Cultural bias meint die kulturelle Neigung bzw. Richtung, die ein Mensch besitzt sowie die kulturellen Werte durch die ein solcher geprägt ist. Die Kritiker bemängeln somit, dass nicht jeder Mensch eindeutig einem der vier Typen zugeordnet werden kann, sondern auch die Möglichkeit der Mischform besteht (SCHUH 2005:

76). Ein Mensch kann beispielsweise ein Hierarchist auf der Arbeit sein, ein Egalitarist zu Hause und ein Fatalist in seiner Freizeit. Ein Individuum stellt somit ein Mosaik von verschiedenen Lebensstilen dar (BOHOLM 1996: 73).

BOHOLM (1996: 69) kritisiert zudem das Konzept der Group-Dimension innerhalb des Grid-Group-Modells. Seiner Auffassung nach sind Personengruppen keine eindeutigen Wesen, wie es im Model von Douglas und Wildavsky behauptet wird, sondern sie sind viel schwerer zu fassen, vieldeutiger und auch komplexer als angenommen. Er bemängelt, dass das Verhalten der Menschen, die entsprechenden Normen und auch das Zusammenfinden von Individuen zu komplexen Einheiten, nicht hinreichend analysiert wurden. Zudem seien die meisten Definitionen einer Gruppe zu reduktionistisch und gehen von Normen, Werten, Glauben und Ideologien als treibende Kraft aus. Dies sieht BOHOLM (1996: 76) insofern als Problem an, dass kaum anthropologische und auch historische Beweise dafür existieren, dass Menschen die sozialen Strukturen, in die sie eingebettet sind, bewusst auswählen. Dies würde die konstruktivistische Perspektive widerlegen, von der in der Cultural Theory of Risk ausgegangen wird.

Nicht zuletzt wird auch die starre Typisierung der Cultural Theory of Risk bemängelt. In der realen sozialen Welt gibt es keine klar abgegrenzten Boxen, die verschiedene Typen definieren, sondern es findet ein dynamischer Prozess statt, in dem sich sowohl Individuen als auch soziale Institutionen stets verändern (BOHOLM 1996: 74).

Diese Gegenüberstellung von positiver und negativer Kritik an der Cultural Theory of Risk hat deutlich gemacht, dass vor allem die unzureichenden Beweise und Tests der Theorie bemängelt werden. Vor allem aufgrund fehlender praktischer Belege und einer sehr einseitigen Betrachtungsweise der Thematik, ist die Theorie zunehmend in den Mittelpunkt von Diskussionen geraten.

5 Zusammenfassung

Durch die vorliegende Arbeit wurde verdeutlicht, dass die Wahrnehmung von Naturrisiken aus sozialkonstruktivistischer Perspektive nicht objektiv, sondern stets subjektiv und durch gesellschaftliche und kulturelle Werte und Normen geprägt ist. Somit kann die Risikowahrnehmung aus dieser Sichtweise als ein kulturelles Konstrukt bezeichnet werden. Daher lässt sich auch die eingangs gestellte Frage, warum unterschiedliche gesellschaftliche Gruppen Risiken differenziert wahrnehmen und bewerten, beantworten. Der Grund dafür aus Sicht der Theorie ist die kulturelle Prägung eines Menschen. Die Cultural Theory of Risk von Mary Douglas und Aaron Wildavsky liefert einen, gewissermaßen auch sehr einflussreichen, Erklärungsansatz für die Perzeption von Risiken aus der konstruktivistischen Perspektive. Im Rahmen dieser Theorie erfolgt die Einteilung der Gesellschaft in vier Weltansichten. Es muss jedoch kritisch angemerkt werden, dass sich nicht jedes Individuum klar in dieses Schema einordnen lässt, da Menschen stets eine Mehrzahl von Lebensstilen verkörpern. Als größter Kritikpunkt der Cultural Theory of Risk sollten die fehlenden praktischen Belege bzw. Beweise dieser rein theoretischen Idee festgehalten werden.

Abschließend sollte der Beitrag der Cultural Theory of Risk für humanökologische Frage-stellungen beleuchtet werden. Ziel der Humanökologie ist eine ganzheitliche Behandlung der Beziehungen von Gesellschaft, Mensch und Umwelt (GLAESER 2003: 9). Auch wenn die Theorie den Umgang menschlicher Gesellschaften mit ihrer Umwelt bzw. mit der Natur betrachtet, so lässt sich diese trotzdem nicht als integrativ definieren. Grund dafür ist die zu starke Ausrichtung auf soziologische und anthropologische Komponenten und die Ausblendung objektivistischer Ansätze. Dementsprechend lässt sich die Cultural Theory of Risk als recht einseitig beschreiben, die die Risikowahrnehmung zu stark als kulturelles Konstrukt betrachtet.

Zusammengefasst bedeutet dies, die Cultural Theory of Risk hat durchaus einen entscheidenden Beitrag zur Erklärung der Risikowahrnehmung geleistet. Es wurde verdeutlicht, dass Menschen Risiken in differenzierter Weise wahrnehmen und dementsprechend unterschiedlich handeln. Trotz allem verfehlt die Theorie eine integrative Betrachtung der Problematik, die vor allem in der heutigen Zeit immer mehr an Bedeutung gewinnt.

Literatur

BOHOLM, A. (1996): Risk Perception and Social Anthropology: Critique of Cultural Theory. – Ethnos: Journal of Anthropology 1996, Volume 61, Nummer 1-2, 64-84.

DOUGLAS, M. (1989): A Typology of Cultures. In: HALLER, M., HOFFMANN-NOWOTNY, H. J., ZAPF, W. (Hrsg.): Kultur und Gesellschaft. Verhandlungen des 24. Deutschen Soziologentags, des 11. Österreichischen Soziologentags und des 8. Kongresses der Schweizerischen Gesellschaft für Soziologie in Zürich 1988. Frankfurt a.M.: Campus, 85-97.

DOUGLAS, M. & A. WILDAVSKY (1983): Risk and Culture. An Essay on the Selection of Technological and Evironmental Dangers. Berkeley: University of California Press.

DOUGLAS, M. & A. WILDAVSKY (1993): Risiko und Kultur. In: KROHN, W. & G. KRÜKEN (Hrsg.): Riskante Technologien: Reflexion und Regulation. Frankfurt a. M.: Suhrkamp, 113-137.

FELGENTREFF, C. & T. GLADE (2008): Naturrisiken – Sozialkatastrophen: zum Geleit. In: FELGENTREFF, C. & T. GLADE (Hrsg.): Naturrisiken und Sozialkatastrophen. Heidelberg: Springer Verlag, 1-10.

GETCITED (2006): Prof. Aaron B. Wildavsky. < http://www.getcited.org/mbrz/11070653 > (Stand: 2006) (Zugriff: 2012-01-28).

GLAESER, B. (2003): Vorwort der Deutschen Gesellschaft für Humanökologie. In: SERBSER, W. (Hrsg.): Humanökologie. Ursprünge- Trends – Zukünfte. Schriften der deutschen Gesellschaft für Humanökologie 1. Münster: LIT-Verlag, 9-10.

KAPLAN, S. & B.J. GARRICK (1993): Die quantitative Bestimmung von Risiko. In: BECHMANN, G. (Hrsg.): Risiko und Gesellschaft. Grundlagen und Ergebnisse interdisziplinärer Risikoforschung. Opladen, 91-124.

LIPPUNER, R. (2009/10): Natur, Umwelt und Gesellschaft. Vorlesungsskript Sozialgeographie I. Themenbereich 5, 31-39.

MATTNER, C. (2006): Naturrisiken und Klimawandel im Alpenraum. < http://www.staff.uni-mainz.de/hjfuchs/WallisHomepage/referate/08%20Naturrisiken%20und%20Klimawandel%20im%20Alpenraum%20-%20Christoph%20Mattner.pdf > (Stand: 2006) (Zugriff: 2011-12-15).

MÜLLER-MAHN, D. (2007): Perspektiven der geographischen Risikoforschung. In: Geographische Rundschau 59/10, 2007, 4-11.

OLTEDAL, S., MOEN, B.-E., KLEMPE, H. & T. RUNDMO (2004): Explaining risk perception. An evalution of cultural theory. Trondheim: Rotunde.

POHL, J. & R. GEIPEL (2002): Naturgefahren und Naturrisiken. Geographische Rundschau, Heft 1, 4-8.

QUOTATIONSOURCE (2010): Aaron Wildavsky Quotes. < http://www.quotationsource.com/104 Aaron-Wildavsky.htm > (Stand: 2010) (Zugriff: 2012-01-03).

SCHUH, C. (2005): Risikowahrnehmung, Kulturelle Unterschiede und Intentionsbildung. Wie wirken sich kulturelle Unterschiede in der Wahrnehmung gesundheitlicher Risiken auf die Intentionsbildung aus? < http://ub-ed.ub.uni-greifswald.de/opus/volltexte/2006/15/ pdf/Schuh_Diss_0206.pdf > (Stand: 2005-06-07) (Zugriff: 2011-12-20).

SEMIOTICON (2005): Mary Douglas. < http://www.semioticon.com/people/Douglas.html > (Stand: 2005) (Zugriff: 2011-12-28).

THE TIMES (2007): Professor Dame Mary Douglas, 1921-2007. < http://www.douglas-history.co.uk/history/marydouglas2.htm > (Stand: 2007-05-18) (Zugriff: 2012-01-03).

WEICHSELGARTNER, J. (2002): Naturgefahren als soziale Konstruktion. Eine geographische Beobachtung der gesellschaftlichen Auseinandersetzung mit Naturrisiken. Aachen: Shaker.

WILDAVSKY, A. & K. DAKE (1990): Theories of Risk Perception. Who Fears What and Why? – Daedalus 119, 4, 41-60.

ZWICK, M. M. & O. RENN (2008): Risikokonzepte jenseits von Eintrittswahrscheinlichkeit und Schadenserwartung. In: FELGENTREFF, C. & T. GLADE (Hrsg.): Naturrisiken und Sozialkatastrophen. Heidelberg: Springer, 77-97.